万水·荟生活

荟时尚生活　聚精彩人生

和水木三秋一起玩苔藓

水木三秋 著

中国水利水电出版社
www.waterpub.com.cn

内容提要

小小的不起眼的苔藓，如今也派上了大用场。将苔藓和喜欢阴湿环境的小绿植种在一起，同时巧妙地搭配小摆件，配以精美的容器（通常是玻璃器皿），一个微小精致的生态景观便形成了。它是一个密闭的环境，不需要晒太阳，很好养护，1~2 年内基本变化不大，而且体量小，非常适合办公桌以及居室等。不需要付出太多精力也可以轻松操作、观赏。

本书从苔藓是什么讲起，将如何设计、制作苔藓微景观以图文的形式展现出来，对于初次接触苔藓的读者来说，是再好不过的启蒙图解，手把手教你苔藓微景观的制作与养护。快来打造一个属于你自己的苔藓微景观吧！

图书在版编目（CIP）数据

和水木三秋一起玩苔藓 / 水木三秋著. -- 北京：中国水利水电出版社，2015.6（2017.5重印）
ISBN 978-7-5170-3217-5

Ⅰ．①和… Ⅱ．①水… Ⅲ．①苔藓植物－盆景－观赏园艺 Ⅳ．①S688.1

中国版本图书馆CIP数据核字(2015)第108613号

策划编辑：马 妍　责任编辑：魏渊源　加工编辑：马 妍　封面设计：张亚群

书　　名	和水木三秋一起玩苔藓
作　　者	水木三秋 著
出版发行	中国水利水电出版社 （北京市海淀区玉渊潭南路 1 号 D 座　100038） 网　址：www.waterpub.com.cn E-mail：mchannel@263.net（万水） 　　　　sales@waterpub.com.cn 电　话：（010）68367658（营销中心）、82562819（万水）
经　　售	全国各地新华书店和相关出版物销售网点
排　　版	北京万水电子信息有限公司
印　　刷	北京市雅迪彩色印刷有限公司
规　　格	165mm×240mm　16 开本　8.5 印张　100 千字
版　　次	2015 年 6 月第 1 版　2017 年 5 月第 2 次印刷
印　　数	6001—9000 册
定　　价	39.90 元

前 言

数年前, 我们和你一样, 毕业、工作, 橡皮人似的熬过每一天。这样的日子, 一晃就是十年。当重复和单调成为生活的主调时, 内心开始愈发地躁动不安。我们时常能听到焦躁的内心发出渴望改变的呼喊。与此同时, 开始急迫地怀念小时候。

我们熟悉山间的风, 地面的草, 植物的辛辣香气和雨后泥土的味道。旷野的自由和辽阔充盈着童年。工作之后, 都市生活愈发沉重, 我们愈加希冀能够重新回到幼年时的绿色山野, 感受风雨、亲近自然。

2012年7月历经纠结之后, 我们最终决定放下工作, 选择自由和回归自然, 找回自己的天性, 水木三秋应运而生。水木象征生命, 三秋象征时光, 期望水木三秋在生命中能伴你度过一段美丽的时光。

我们希望通过纯粹的手工, 让植物和人都变得简单。就像开心的时候可以笑, 痛苦的时候可以哭, 郁闷的时候可以有所发泄, 遗憾的时候可以有所寄托, 满怀希望的时候能看得到远方, 失意落魄的时候能发现身边的美好。我们希望把这些简单的情绪剥离出来, 装进我们的作品里, 能够传递, 哪怕是一点点。我们希望通过小小的植物增加人和人之间的互相理解, 人对自身的理解。哪怕只有一点点, 理解的力量都能创造奇迹。

水木三秋从一个小小的淘宝店起家, 两年多的时间, 积攒了无数让我们感动的瞬间。现在, 我们把自己的作品和故事整理出来, 希望能和你再贴近一些。让这些承载着我们心意的植物, 走入你的世界, 走入你的内心。

每个人都是天生的设计师, 和我们一同学会用大自然赐予的素材, 创造属于自己的景观世界。有情怀, 懂珍视, 让创意由心而发, 你也可以和我们一样同植物一起生长, 做心灵的主人。

感谢所有关注和信任水木三秋的朋友们, 是你们给了我们信心和力量去创作更多更好的作品, 感谢我们的家人, 你们永远是我们最坚实的支撑。我们无法一一列示。在此我们希望能够特别地感谢马书林、刘静平、周宇、李燕博士、陈龙博士……是他们在最初给予我们力量, 让我们迈出了前进的每一步。

水木三秋

2015年3月

目录

Chapter 3

打造自己的苔藓微景观 ……49

Chapter 4

苔藓微景观的日常养护与常见问题 69

Chapter 5

Chapter 1

你了解苔藓吗

听到"苔藓"两个字，你会想到什么？是阴暗的清幽山谷里，岩石上和缝隙中那层绿茸茸的植物？还是雨后房顶瓦片上那一层短短的绿色小东西？如果告诉你，它们也可以成为我们书桌上的风景，你会不会觉得不可思议？

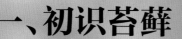

一、初识苔藓

　　在养苔藓之前，对于北方人的我来说，最初对苔藓的记忆就是阴暗潮湿的北房屋檐下、树洞里、水塘边，那些湿嗒嗒、滑溜溜的青苔，总觉得若是触碰起来会有不舒服的手感，而且莫名地总会让我联想到两栖爬行动物。

多年后去南方旅行,在山林里发现大片大片的绿色,它不是草,却比草更加密集,有的一丛丛,有的一团团,就像一条绿色的毯子铺在那里,绿茸茸的特别可爱。不仅在土地上,在树干上、石头上都布满了这些绿色的痕迹。我忍不住伸手触摸,发现并没有想象中的那种滑腻感觉。那一刻,苔藓给我的印象改变了,它那毫不修饰的清新感印在了我的心里。

🌿 南亚白发藓

🌿 金发藓

🌿 鹿蕊藓

　　2012年，我的花店开业了。为了配合制作一个鲜花礼盒，我从网上购买了从南方采挖的野生苔藓，当时为了看效果购买了3~4个品种，其中有后来被广泛运用于苔藓微景观的南亚白发藓、金发藓、鹿蕊藓等。收到苔藓时，我仔细端详了好一阵，那是第一次如此近距离地观察这些亿万年前就存在于地球的生命体。深吸一口气，那味道似乎可以让我沉醉，伴随来到我身边的好像是一种来自山谷的清幽，是夏天的味道，是森林的味道。于是乎，我不要什么花盒了，而是小心翼翼地把它们养了起来。

　　我找来各种器皿，有陶瓷花盆，有玻璃罐子，将苔藓摆放出层次，点缀上石子沙粒，想要营造迷你森林的感觉。折腾许久，各式苔藓被安置好后，我心满意足地看着它们，心中默念，一定要把我的小森林照顾好。之后的每一天我都会给它们喷喷水，放在阳光下晒晒，经常忍不住摸一摸那些毛茸茸的小茎叶。它们养眼的绿色真的每天都会给我带来简单的快乐。

　　直到有一天，我的"小森林"突然变了模样。有的"小草坪"变黑了，有的"小灌木"发霉了，那种清新的味道也随之消失。这个事实让我瞬间很沮丧，这种来自自然界的野生植物是不是真的不适合养在家里？离开了雨水和沃土的滋养，它们的生命力是不是也要消失殆尽了？

　　闭门是造不了车的，自己再闷头琢磨也只能看着它们一天天枯萎。于是，我开始从各种渠道学习了解苔藓的植物特性，要养好它们，必须先彻底了解它们才是啊。

二、苔藓到底是什么

　　想要了解我们平时用于制作盆景的苔藓，首先还是要给大家对苔藓这一植物类群做一些科普性质的简要介绍。

　　苔藓植物（Bryophyta）其实是一种高等植物，虽然人们普遍以为它是一种低等植物，但它却是一种最低等的高等植物。地球上除海洋外，从两极到赤道，从高山到平原，几乎都有它们的分布。苔藓植物种类丰富，是生物多样性的重要组成部分。

　　苔藓的结构比较简单，它没有根，仅有茎和叶两部分，有的则只有扁平的叶状休。它们不会开花，也没有种子，它以孢子的形式繁殖。在全世界，大概有23000种苔藓植物，中国苔藓植物种类约在2000~2300种，占世界已知种数的10%左右。

　　苔藓植物是从水生到陆生过渡的一大类群，目前被认为是现存的最原始的高等植物，也是除被子植物外最大的一个绿色植物类群。它们具有丛生的习性，常大片大片地出现，形成苔藓群落，所以我们经常能够在山林中看到大片的丛生苔藓。苔藓大都生长在温暖湿润的环境中，常见树干、土表、阴湿的石面上有成片的苔藓生长，个别种类有较强的耐旱能力。

　　苔藓的生态环境大体分为：旱生和湿生、附生和地生、石生和土生等，大多数苔藓为土生。

　　其实苔藓是一种统称，根据苔藓植物营养体的形态和结构，它们分为苔（iverwort）和藓（moss）两类。苔类是苔藓植物中的原始类群，接近藻类，茎叶分化为呈片或呈丝的叶状体，因为和藻类很像，也难怪有些人分不清苔类和海藻了。而藓类是苔藓植物中较高等的类群，一般有根、茎、叶的分化，但它们不具备复杂的维管束构造，只是细胞构造略有分化。苔藓植物没有真正的根，有的是由细胞组成的红色丝状假根，由它们起固着和吸收水分的作用，进入泥土、附着于岩石或墙壁及其他植物上。

　　常见的苔类植物有南亚短角苔、地钱、泥炭藓。

🌼 地钱

　　地钱是苔藓植物世界中分布最广泛的物种之一，潮湿的土壤或者树和原木上是它们常见的居所，还有一些能在岩石和水中生长。它们没有真正的根，是靠头发状的假根来支撑。它们的茎没有疏导组织，比较弱小；叶片又薄又小，除和其他植物一样能进行光合作用外，还可以吸收水分和无机盐。栖居地多在阴湿而富含有机质的基质上。

白发藓

大羽藓

小金发藓

大金发藓

葫芦藓

鹿蕊藓

藓类植物有大羽藓、白发藓、大金发藓、小金发藓、鹿蕊藓、葫芦藓等。

三、常见的苔藓有哪些

1、大羽藓

　　大羽藓翠绿、呈匍匐藤蔓状生长，一般5~10厘米大小，叶片呈羽片状。喜半遮阴和较潮湿的环境，需在透气性好的基质上生长，比如树皮或腐叶土、大颗粒植料。与其他直立苔藓相比，它的植株更为疏松。原生环境一般为潮湿荫蔽的树林，长成一片片的，因为比较疏松透气，而且生长环境比较隐蔽，爬虫和昆虫也很喜欢。除制作苔藓微景观外，也可作为爬虫等宠物布景材料。

🌿 大羽藓

🌿 白发藓

2、白发藓

　　植株非常细密，直立，颜色翠绿，是制作苔藓微景观的优选材料，也非常适合做苔藓盆景，还是制作青苔球的好材料。

3、大金发藓

植株较高,叶片翠绿,抗病菌能力强,原生环境是树荫林下,家庭养殖需要较高的空气湿度,适合闷养,作装饰配景用。

❀ 大金发藓

4、小金发藓

直立生长,淡绿色,株高1~3厘米,体型比其他苔藓大一些,但密度较其他苔藓小一些,比较稀疏。

❀ 小金发藓

5、鹿蕊藓

色彩灰绿,没有叶片,植株形状如同鹿角,也没有根。据资料介绍,其生长非常缓慢,一年的生长量不会超过几毫米。是典型的寒冷高原苔原苔藓植物,非常耐寒,-40℃也没有关系,即使长时间没有光照也不会死亡(如北极,在进入极夜的半年也不会死亡,当然也不会生长)。

❀ 鹿蕊藓

6、尖叶匍灯藓

植株丛生，比较疏松，叶片鲜绿。茎和营养枝匍匐生长，叶片多集中生长于上段，下部疏生小分枝，小枝斜伸或弯曲。

7、葫芦藓

小型土生藓类，世界性广布种。用孢子繁殖，没有根，有茎和叶。生活在阴湿环境中，如墙脚林下或荫蔽树干上。

葫芦藓

至今，苔藓植物实现人工培养还很困难，目前实验和园艺中应用的苔藓都来自野外取材。冬春季节温度低于5℃时不适宜进行取材，其他时间都可以，以4月初至11月上旬最佳。操作时，用铁铲把苔藓带着厚约0.5厘米的土层一起取下来，装到塑料袋里保湿保存。一般在塑料袋中可以保持4~5天，应尽快组成盆栽或盆景养护起来。

四、从苔藓盆栽到苔藓微景观

1、苔藓盆栽的起源

早先日式园林将苔藓作为观赏植物的元素之一，将其融入到户外园林设计之中。苔藓的质感、光泽，茵茵绿色，给人清新宁静的感觉。配置时将不同的苔藓植物与园路、水景、假山等搭配，以及各类乔木灌木植物的搭配使得园林景致更加精美别致。

日本园林中苔藓植物的应用较早，以苔园著称的日本园林有鹿苑寺、慈照寺、醍醐寺、大德寺等。苔藓在日式庭院设计中运用很多，苔藓质地柔软，走在上面会有愉悦温馨的感觉，在潮湿的地方适当种植苔藓，还能增添悠远的岁月气息。同时，苔藓元素的引入为室内家居盆栽设计也带来了自然风雅的风格。

苔藓原本在盆景中只是铺在盆土表面，主要起保湿的作用，兼具美观的效果。慢慢地，有人开始在水石盆内养起来，作为独立的苔藓作品欣赏，它独特的韵味慢慢体现并流行开来。苔藓盆景在日本比较常见，日式园艺作品风格大多富有禅意，对于作品的技术含量要求不太严苛，会更突出对美学美感的认知，突出的是一种意境，这一点跟日式花道宣扬的精神有相通之处。

2、苔藓微景观

　　苔藓微景观原身是"terrarium"，起源于欧美地区，直译过来叫做"玻璃植物饲养缸"。容器形式多种多样，有敞口的，也有封闭的，还有铁艺与玻璃相结合的。容器内的植物也比较多样化，食虫草、苔藓、多肉、空气凤梨等等都有。欧美的"terrarium"作品风格大都比较粗犷自然，修饰的成分不多，个人感觉比较有自然意趣。

　　目前在国内正流行的苔藓微景观是在"terrarium"的基础上，结合各式风格的摆件，用苔藓、植物制作而成的景观盆栽。由于摆件造型种类丰富，苔藓微景观的样式繁多，深受人们喜爱。

五、显微镜下的苔藓

苔藓大部分外形较小, 细腻如丝绒, 显微镜下的苔藓更是形态各异。在本章最后, 让我们一起来欣赏一下在显微镜下它们的可爱模样吧!

1、灰藓

鳞叶藓

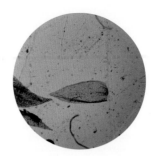

弯叶扁灰藓

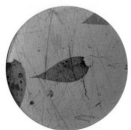

2、金发藓

波叶仙鹤藓　　**直叶金发藓**

3、绢藓

   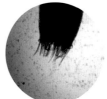

4、立碗藓

  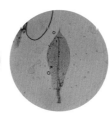 

5、羽叶青藓

 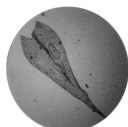 

6、尖叶提灯藓

Chapter 2

制作苔藓微景观的准备工作

认识苔藓微景观后，也许你已经迫不及待地想要制作一盆了吧？别急，在制作苔藓微景观前，需要准备一些工具、器皿和必备材料，工欲善其事必先利其器。这些工具和材料也很有讲究呢！

一、容器的选择

　　容器的选择决定着作品的整体造型和风格，是你开始制作苔藓微景观的第一步。

　　用于制作苔藓微景观的容器有很多选择，你尽可以发挥自己的想象，突破常规。比如玻璃容器、陶瓷类容器、水泥盆、沉木以及瓦片等，都可以成为苔藓微景观的容器，它们各具特色，巧妙利用的话可以成为整个景观的点睛之笔。

1、沉木

　　一块好的沉木，可以给苔藓微景观（或苔藓盆景）平添一股真实自然的灵气，不过找到一块合适的沉木需要一定的运气。沉木的造型多变，不规则，自然而成的沉木多具有复杂的沟壑，给人大地、山峦般的厚重感。沉木忌切割得太规则，否则会失去原有的韵味。使用沉木作为容器时，首先要仔细观察沉木的造型，找出最佳欣赏面，然后因地制宜地构思合适的布景，当然还要确保作为容器能稳定地立于桌面而不倾倒。

2、玻璃容器

　　玻璃容器来源广泛，造价低，易得，形状、大小有很多选择，而且采光好，适合闷养苔藓类植物，是制作苔藓微景观的极佳选择。现代工艺生产的高硼玻璃透度都很好，晶莹剔透，给苔藓微景观蒙上一层玲珑质感。玻璃容器常见的有圆柱形、球形、方形，还有一些比较奇特的不规则造型。

🌿 玻璃瓶

🌿 玻璃吊瓶

🌿 玻璃罩容器

玻璃花房

3、陶瓷花盆

陶瓷花器用于景观制作在我国有着悠久的历史。陶瓷类器皿多具有透气好的特点，且风格多种多样。有些表面光洁明亮、布满细腻的纹路，有些表面纹理粗糙、风格粗犷；有些造型轻巧玲珑，有些厚重古朴。造型、色泽、质地都有丰富的选择。

4、石头花器

石质盆器有一种自然、朴拙的风味，能很好地将绿色植物的生命力和勃勃生机衬托出来。质地松软的火山石、浮石用来养护植物，有利于根部的透气，且松软的质地更容易进行改造。在石头的顶部钻一个洞，然后填入土壤，你就可以栽种自己喜欢的植物了。在土壤表面铺一圈苔藓，一个简单的苔藓微景观就出炉喽！

5、竹制花器

天然生长的竹节制作成的花器，给人的感觉更贴近自然。细腻温润的质感，总能轻易就抚平人们内心的躁动，让心跳更缓慢有力。根据制作的需要，可将竹材修剪出不同的形状，或直立、或水平、或倾斜、或镂空，给你丰富的创作空间。

二、工具

制作过程中，我们会用到的工具有：手套、桌布、刷子、镊子、小铲子、喷壶、剪刀、铁丝等。下面依次介绍各种工具的妙用。

1、桌布或者废旧报纸

为避免泥土和修剪下来的枝叶等杂物把桌面弄脏，我们应事先准备一块专用的桌布（这样更加环保），也可以用废旧报纸拼凑一下。

2、扫刷

清理落在植物和苔藓表面上较小的颗粒与灰尘。

3、镊子

有两个用途：一是前期处理，用于清理微景观内的大颗粒杂质；二是制作时夹取、安放植物与苔藓，尤其是比较深或者口径比较小的容器，用镊子辅助操作会更加顺手。另外，在后期养护时，镊子可以协助去除腐叶。

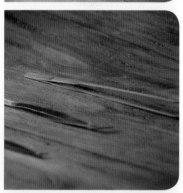

4、筒铲

盛、铲、铺各类基质的好帮手，有木质、塑料、不锈钢等多种材质。有了这个工具，可以方便地取用各种基质，并且准确地铺在想要的位置。

5、小型的耙铲

疏松板结的土壤基质，为植物营造更加透气的生长基底。

6、喷壶

给苔藓与植物灌溉的工具，最好选择可调节的雾化效果好的喷壶。

7、剪刀

为苔藓造型的必备工具，也可以修剪植物枝叶。处理粗壮的背景植物时，建议选用植物专用的剪枝剪。

8、铁丝、棉线

造型的辅助材料，用它们把苔藓固定在树枝、树皮、石头上，或者捆束背景植物等。

9、手套

如果你怕把手弄脏，可以提前准备一双服帖的橡胶手套。这样就可以隔绝基质与手的接触，保持手的清洁。

10、擦拭布

最后我们可以准备一块质地柔软的擦拭布，以不掉毛、能吸水为最佳。在制作完成后，将容器内的水和土擦干净，保持微景观明亮、清洁。

三、栽种基质

不同种类的苔藓，需要的基质也不同。有些苔藓可以直接附生在潮湿的石头表面、树皮表面；有些可以生长在池塘浅水处。

🌿 石头附生苔藓

🌿 树皮附生苔藓

以下我们主要介绍用来制作微景观的苔藓（白发藓为主）和植物（蕨类植物为主）所需要的基质。根据苔藓、背景植物本身的结构和生长习性来搭配它们的生长基质。

通常，我们选择的基质不是单一的，而是由几种搭配起来使用。主要包括以下几部分：颗粒层（储水层）、过滤层（隔离层）、培土层（营养层）、铺面点缀层。

1、颗粒层（储水层）

放置在容器最底部的是透气、保水性好的颗粒状基质，一般我们称之为储水基质，因其铺放的位置在整个基质层的最下方，又称为铺垫基质。铺垫基质一般由天然材质加热、除菌后，加工成不规则的颗粒状，不易崩解、粉化，能长期使用。

赤玉砂或微酸性的火山浮石就是做苔藓微景观铺垫层很好的选择。根据容器的大小、高度，铺垫基质可以选用一种或多种来搭配，由不同颗粒大小、颜色的不同基质可以搭配出很美观的效果。如果铺垫基质层由多层构成，颗粒的大小从下往上应依次变大，以防止颗粒沉降，破坏分层效果。

❋ 颗粒层（储水层）

2、过滤层（隔离层）

在整个景观的基质组成中主要起过滤水分、防止土层沉降、提高通气性的作用。现在市场常见、也最常用的为干水苔。

智利进口的干水苔具有极佳的通气性能，内含丰富的有机质，不易腐败，且干净无病菌，是苔藓微景观过滤层很好的选择。

❋ 过滤层（隔离层）：干水苔

3、培土层（营养层）

过滤层上面为培土营养层。根据苔藓植物的特性，一般采用弱酸性、无粉尘、不板结的优质泥炭基底。

德国进口纯苔藓泥炭基底混合一定浓度的缓释肥可以制作出优质的苔藓专用培土，该培土的特点是呈弱酸性、无粉尘，内含微细管结构，具有较强的缓冲能力；有机质含量丰富，不含杂草病虫害，可以长期使用，不易变质。

4、铺面点缀层

最上面一层为铺面点缀层。一般选用颜色较亮丽、疏水透气性好且不易粉化的颗粒状基质。有些点缀基质还具有遇水变色的特点，可以作为检查景观湿度的一个指标。有些微景观里点缀以彩色细沙，用来模拟海水、河流，装饰效果也很好。

在选择基质时，有一点是必须注意的：基质一定要经过杀菌除虫处理，因为苔藓生长的环境温湿度均较高，这样高温高湿的环境有利于大部分厌氧菌的滋生和虫卵的孵化，如不注意，会给后期的养护带来很多麻烦。

选择苔藓基质的标准并不严格，但是并不是所有的基质都适合用来养护苔藓。以下几种基质就不适宜养护苔藓，一定要避免使用。

不适宜养护苔藓的基质

碱性基质： 苔藓及蕨类植物绝大部分喜欢弱酸性的生长环境，在碱性条件下植物比较脆弱、瘦小，不易长期养护。

易板结的土壤： 易板结的土壤使用一段时间后，容易形成一块一块的硬颗粒，透水透气性很差，对植物养护不利。

有腐烂叶片杂物的基质： 有腐烂物的基质里容易有霉菌、虫卵，且很难清理干净，用来养护植物有很大风险。

四、水的要求

1. 浇水的禁忌

浇水对苔藓来说除了补充水分之外，还可以带走积蓄在土里的废弃物，让土壤更洁净。但是切记容器内不能积水，积水会影响苔藓的健康。另外就是浇水的恰当时间，清晨为佳，切忌在较高温度的阳光下浇水。避免短时间内温湿度剧烈变化，避免重复忽干忽湿，避免暴露在过热的阳光下、冬季干冷的空气或空调风口下，否则活动状态中的苔藓细胞很容易受损。切记：苔藓最怕桑拿般的高温潮湿。

2. 什么水对苔藓最好

我们最常见的苔藓用水是自来水，但是自来水含有氯，不能直接使用，否则会抑制苔藓生长甚至使其死亡，需要先放置几天，让氯气充分挥发后方可使用。

清晨的露水、雨水都很适合苔藓，但是因不好取得，可操作性不太强。夏天，很多人都会开空调，流出的空调水是凝结水，杂质少，也是可以用来浇苔藓的。

生态鱼缸水水质纯净且富含无机盐，是苔藓用水的首选。这里要理解一下生态鱼缸水的原理了，说白一点就是生态鱼缸里的水是经过处理老化的水，通俗一点理解就是软水，再者就是生态鱼缸里的水是经过硝化的水，水质纯净无比且富含丰富的无机盐，不但不会伤害苔藓生长的组织结构，还能保证养分。有鱼缸的用生态鱼缸水更好，没有的也没关系，自来水充分挥发氯气后虽不如生态鱼缸水，但也不会影响苔藓的正常生长。

纯净水和蒸馏水都是不含杂质的水，水质纯净缺乏无机盐，没有什么养分，不能满足苔藓的生长，所以不能用。

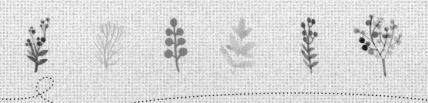

五、景观的构思

设计微景观前，一般要有一个景观要素确定下来，可以是一个容器、一个摆件或者一种植物。如果是容器，要根据容器的大小、形状选择合适的植物，根据想要表达的主题来选择摆件。如果是摆件，就要根据这个摆件来确定要表达的主题，然后根据这个主题选择合适的植物和容器。如果是新发现了一种美丽的植物，就要根据这种植物的风格来选择相宜的摆件和容器了。其实对一个微景观来说，容器、植物、摆件都不是独立的，它们是一个整体，要彼此相称才能更好地融为一体。设计景观的灵感一般来自于自然界的真实风景、动画中的场景以及摄影作品等。

1、根据容器选择植物和摆件

如果手头有一个现成的容器，想要随手做一个苔藓微景观，那么我们就要先来看看这个容器的材质、大小和形状。

例如，我们手头有一个16cm×16cm的斜口储物罐，想要制作一个微景观。

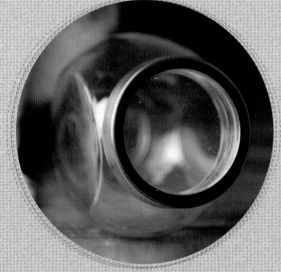

这个大小的容器是可以添加背景植物的，但是不能选择过高的植物，所以说，容器的大小首先限制了我们选择植物的范围。可以用手边的植物与容器作对比，这个高度的容器一般适合放些网纹草作为背景植物。该容器有一个特点，可以从侧面的透明瓶盖里观景，那么我们造景时就可以考虑从这个角度去设计景观了。

我们从瓶口往里看，铺基质的时候最好形成一个坡度，这样布置面能更大些，可以将植物放置一侧，苔藓放置一侧，摆件放在中间，效果如下图。

这样观赏面也可以比较多元化。从正面的角度看去，整个画面也比较饱满。

2、根据植物选择容器和摆件

如果是已经选定了某种特定的背景植物，那就要根据这种植物的形状和尺寸去找合适的容器了。

如果你特别中意于狼尾蕨、铁线蕨、肾蕨等这种枝叶比较茂盛和开散的植物，就要选择空间比较大的容器了，这种植物本身生长也需要比较大的空间，否则很容易腐败长毛。

配合这类植物最适宜选择鱼缸类的容器，空间比较大。

3、根据摆件或主题选择植物和容器

如果想好了主题，尤其喜欢某一造型的摆件，那么就要去找适合这个场景的植物去配合。

我个人对这对小鹿的摆件很是中意，想要为它们设计一个场景。

小鹿总是要与森林的主题联系在一起，我想要的是那种夏日傍晚森林深处清幽的感觉，因而选用了较多的罗汉松，栽种出一条夹道的感觉。

六、背景植物的选择

由于苔藓的特定习性和闷养景观的环境条件，所选用背景植物的习性必然要跟苔藓类似，喜欢高湿度、半阴的条件。一般我们会选用（且经过养护实验认为合适）的植物有：蕨类（包括狼尾蕨、铁线蕨、银线蕨等）、各色网纹草、罗汉松、袖珍椰子、花叶络石等等。下面我们就种类、形态特点及养护要点介绍几种典型的背景植物。

1、狼尾蕨

别名：龙爪蕨、兔脚蕨

科名：骨碎补科

形态特征：叶形开展，姿态潇洒；根状茎长而横走，毛茸茸的根茎裸露在外，显得与众不同。

养护要点：

狼尾蕨为常绿草本附生蕨类，适合温暖的半阴环境，喜欢散射光照，怕直射的阳光。盆土保持湿润是比较好的，气候温暖的生长季2~3天浇水一次。也不能浇水过多，积水会造成根呼吸不畅。狼尾蕨原产地为新西兰、日本，在亚洲、大洋洲的其他地区，以及美洲、太平洋群岛的热带和亚热带地区也有分布。不耐高温，也不耐寒冷，20℃~26℃对它来说是最适宜的，高于30℃或低于15℃对生长不利，越冬不要低于5℃。喜欢高湿的环境，不耐干燥，也正因为这一点，很适合和苔藓养在一起。养护时可勤向植株的生长环境喷水增湿，80%左右的空气湿度是适宜的，过于干燥对生长不利，会出现叶边枯黄等症状。

2、花叶络石

别名：初雪葛、斑叶络石

科名：夹竹桃科

形态特征：花叶络石是多年生常绿木质藤蔓植物，它的叶片颇为奇特，顶上的嫩叶微微发红，下面的叶片呈白色，再往下则白绿相间，中下部的老叶是绿色。小小一棵植株，呈现三种不同颜色的叶片。虽喜光，又非常耐阴，同时喜欢空气湿度高的环境，很适合与苔藓共生。

养护要点：

花叶络石适合栽种在排水良好的酸性或中性土壤中，由于生性强健，在我国各地都可以栽种。它的叶色会随着光照、生长状况的改变而变化，如想得到一盆色彩艳丽的花叶络石，就必须拥有良好的光照条件和旺盛的生长条件。但它本身又具有耐阴性，只是光照不足时叶片颜色对比不鲜明。排水性好的土壤对它是最好的，保持盆土湿润，浇则浇透。

3、网纹草

别名：费道花、银网草

科名：爵床科

形态特征：多年生草本，原产于秘鲁，它矮小蔓生，常呈匍匐状，植株高约5~20厘米。叶卵形或椭圆形，整个植株都有茸毛，最有特色的地方就是叶面的白色或红色网脉。它耐阴性强，叶色常年不变，清新素雅。

养护要点：

喜湿润的环境，春夏季生长期可多浇水，但盆内不能积水。保持较高的空气湿度有利于生长，可向植株周围喷水，避免叶面沾水。过了秋末天气渐凉，可减少浇水。喜温暖，不耐寒，20℃~30℃对生长比较有利。冬季要移至温暖、防风处，最好不低于14℃。喜半阴，避免直射光，但也不要置于阴暗处，散射光对生长最有利，可每天接受4~6小时的散射光照。

4、罗汉松

别名：罗汉杉、长青罗汉杉、土杉

科名：罗汉松科

形态特征：罗汉松的品种很多，我们用于苔藓微景观的多为幼苗。常见的有狭叶罗汉松（叶较窄）、柱冠罗汉松、小叶罗汉松、斑叶罗汉松等。在苔藓微景观中，和山石、苔藓搭配，可营造一种古拙、自然的原始气息。

养护要点：

　　用于苔藓微景观中的罗汉松多为小苗，植株幼嫩，放在室内有散射光的地方养护是最好的。罗汉松不耐旱，反而喜欢阴湿，生长期可经常浇水保持湿润，但不宜积水。

5、合果芋

科名： 天南星科

形态特征： 蔓生常绿草本，具气生根，可攀附生长。用于苔藓微景观的多为幼苗，初生叶色淡，老叶变深且叶质加厚。丛生的叶片能营造出参天大树的效果，是不可多得的苔藓微景观背景材料。

养护要点：

　　喜欢湿润，无论是盆土还是空气湿度，都湿润些好，怕干燥。夏季生长旺盛期要保持盆土湿润，同时可每天向叶面喷水，提高空气湿度的同时也能保持叶片清洁、生长旺盛。喜欢温暖，20℃~30℃比较有利于生长，冬季应放在温暖的室内养护。春季气温超过10℃时开始萌芽。对光照的适应性较强，明亮的光照和半阴都能适应，只是不同的光线下叶色不同。但不要长时间放在阴暗处，对生长不利。

6、铁线蕨

别名： 铁丝草、少女的发丝

科名： 铁线蕨科

形态特征： 多年生草本蕨类，株高15~40厘米。根状茎细长横走，枝条柔软，姿态优雅。搭配于苔藓微景观中别有一番俊逸。

养护要点：

铁线蕨喜湿润的环境，湿润的盆土和较高的空气湿度。可根据季节和气候喷水和浇水调节。喜温暖又耐寒，据说冬季在东北地区可安全越冬，第二年春天萌发。喜欢明亮的散射光，忌阳光直射。

7、金叶葛

别名： 绿萝、黄金藤

科名： 天南星科

形态特征： 金叶葛其实就是我们常见的绿萝。成年植株茎蔓粗壮，长可达数米，茎节处有气生根。枝繁叶茂，耐荫性好。幼叶卵状心形，颜色较淡，成年后颜色变深，有深绿色品种和斑点或条纹品种。苔藓微景观中用的通常是小巧的幼株，极富生机，很适合搭配纯真的卡通形象，给人童话般的感觉。

养护要点：

保持盆土湿润，夏季多向叶面喷雾保持空气湿度，这样有利于生长。秋冬季的浇水量根据温度来调节，温度越低，浇水次数越少。一般10℃以上可安全过冬，20℃以上可以正常生长，北方家庭问题不大，早晚温差不要过大。绿萝的原始生长条件是参天大树遮蔽的树林中，喜欢散射光，较耐阴，我们在家中也尽量营造这样的条件。

8、袖珍椰子

别名：矮生椰子、袖珍棕

科名：棕榈科

形态特征：家庭养殖和用于苔藓微景观的袖珍椰子通常是小盆栽，茎干细长直立，枝叶柔软开散。作为苔藓微景观的背景植物，可营造热带海岛风光。

养护要点：

喜温暖、湿润、半阴的环境，用排水良好、肥沃、湿润的土壤。5~9月可15天施1次稀薄的氮肥，放在散射光处养护。夏季生长旺盛，可适当多浇水。冬季温度低，要控制浇水量，同时土壤不要太干燥。

9、瓶子草

科名：瓶子草科

形态特征：瓶子草有许多种类，多为多年生草本，根状茎匍匐，有许多须根；形态奇特，叶基生成莲座状叶丛，叶为瓶状、喇叭状或管状，瓶状的叶片有捕虫囊，囊壁开口光滑，特有的蜜腺会分泌香甜的蜜汁，引诱昆虫前来并掉入囊中。瓶子草一般颜色鲜艳，给人以热带神秘的感觉，是制作苔藓微景观很好的素材，能够营造丰富的热带雨林氛围。

养护要点：

瓶子草属于湿生食虫植物，原生地为沼泽，因此需要一个极湿的环境才会长得好。在生长旺季，可每天浇水1次并喷雾，创造高湿度的环境，炎热的夏季尤甚。冬季是休眠期，可减少浇水，保持盆土微湿即可。

10、常春藤

科名： 五加科

形态特征： 常春藤花如其名，经常匍匐或攀援生长，呈藤蔓的状态。叶片掌状，有绿叶和花叶不同的品种。苔藓微景观中常用微小型植株。

养护要点：

喜欢温暖湿润的环境，半阴环境下生长最好，生长期要保持盆土湿润。空气干燥的季节经常向叶面和周围喷水，提高空气湿度。冬季气温低，盆土可湿润偏干，且仍要喷水增加空气湿度。生长期每1~2周施1次稀薄液肥，冬季停肥。

Chapter 3
打造自己的
苔藓微景观

苔藓微景观是一种新兴的桌面绿植类型，样式多，极具个性，有个人创作发挥的余地。接下来就让水木三秋跟大家分享一下如何打造小巧的桌面苔藓微景观吧！

一、了解制作环节

当我们把所需的材料都准备好了，对微景观的构思也有了成熟的想法，就可以开始着手制作苔藓微景观了。开始之前，我们要对制作步骤有个大致的了解，下面就让三秋给大家简单介绍一下！

制作前，我们先把选好的容器擦拭干净，摆放到平坦的桌面上，根据容器的形状找到最合适的观赏角度，再根据容器的高度、所用植物的大小来确定基质层的整体高度。对于中小型的景观来说，基质层的高度一般占整个容器有效高度的1/5~1/4。另外还要考虑背景植物的大小、背景植物的根部保护，要让根部有足够的土壤供应。根据基质层的整体高度再大致计算出铺垫基质层、过滤层、培土层的厚度。

根据上述计算的厚度，在容器中依次铺基质，顺序为：铺垫基质、干水苔、培土层、铺面基质。

1、背景植物的摆放

一般情况下，背景植物可以在铺完铺垫基质后放入，但个别背景植物根部体积较大，而容器的高度又有限，这样就需要提前把背景植物放到容器里面，避免后面的基质层不能完整地盖住植物的根；相对的，根系浅的背景植物可以后放。安放好的背景植物不要反复移动，避免破坏基质层的分层。一般建议背景植物后高前低，避免从正面观看时相互遮挡。植物疏密有致、色彩协调才能组成好的景观。闷养的苔藓微景观里，植物密度不宜过大，尤其是比较低矮的植物，避免透气不良。

2、过滤层的铺放

铺垫基质上面铺过滤层，一般都使用干水苔。干燥状态的干水苔特别蓬松，如果直接铺上去，这一层中间就会有很多的空隙，上面颗粒较细的培土就很容易渗透到干水苔层。所以我们要先浸湿干水苔，直接泡到水里或者往干水苔上喷水都可以，然后挤掉多余的水分，这样干水苔就变得紧密柔软了。将湿润的干水苔打散，均匀地在铺垫基质上铺一层，然后轻轻按压，让干水苔层更致密。贴着容器壁的地方可以适当铺厚一些，这样从外面看起来分层更清晰美观。

3、培土

干水苔层上面是培土。按照之前计算的厚度顺应起伏的坡度铺培土，背景植物根部附近可以多铺一些，但是要避免掩盖植物的叶片，否则会影响植物透气。铺完培土后将容器壁擦拭干净。

4、铺苔藓

　　在培土上铺苔藓。提前预留出摆件的位置，避免最后摆件压到苔藓。铺苔藓时要顺应基质的起伏，让苔藓完美地贴合在培土上。有些苔藓块儿假根较长，可以在培土层挖一个浅坑，掩盖苔藓的假根。苔藓块儿可以根据需要修剪出不同的大小、形状。一般不建议在空白的培土上全部铺满苔藓，这样铺面后整个景观显得比较单调，没有变化。虚实结合才能更显出景观的丰富。

❋ 不建议培土上全部铺满苔藓，这样景观比较单调，没有变化

❋ 高低起伏，并配合摆件的苔藓景观，景致更加丰富

5、铺面基质

在没有苔藓的培土上铺铺面基质。铺面基质颜色比较漂亮,可用来掩盖裸露的培土,铺薄薄的一层就可以。注意,苔藓块儿与铺面基质接壤的地方衔接要自然。

6、给微景观补水

以上步骤完成后,要给微景观补适量的水。在景观里面均匀喷水,背景植物的根部适当补水。一般土层湿润即可,如果不小心浇多了也不用太担心,下面的铺垫基质层会吸收掉多余的水分并且储存起来。铺面基质遇水会变色,可以作为判断微景观内是否湿润的一个标准。擦拭容器壁上的灰尘和水珠,以后每次喷完水都要擦拭玻璃壁,这样玻璃壁上不容易长水渍,也美观。

7、放摆件

把摆件放到合适的位置,不要压在苔藓上,否则会影响苔藓的通风透气还有采光,被压时间长了,苔藓就会变黄甚至变黑发霉。盖上容器盖,将微景观瓶摆放到光线明亮的地方。这样,一个苔藓微景观就制作完成了。

二、制作材料的预处理

开始制作苔藓微景观前，要将容器、基质、背景植物、苔藓等材料处理干净，以便使微景观达到最佳状态。

1、清洗容器

用擦拭布将玻璃容器擦拭干净，装过杂物的容器可以用消毒液清洗一遍，难以用清水湿布擦拭干净的污渍可以借助白醋等溶剂清洗。

2、基质预处理

基质一般选择已经过除虫杀菌的材料，在这一步的预处理中主要是清理掉基质里的杂质，去除铺垫基质中的粉末，去掉培土中的大块板结土块，去掉干水苔中的杂草等。

3、背景植物预处理

　　把背景植物上腐烂枯萎的叶片从底端剪掉，然后将植物脱盆，去掉多余的土。

4、处理苔藓

苔藓表面用毛刷轻轻刷干净，修剪掉变黄变黑的边角，备用。

　　以上步骤是制作任何一个微景观都需要提前做的。这些准备工作做好后，就可以开始正式制作一个微景观了。根据容器、植物的不同，苔藓微景观制作的步骤也有细微差异。

三、图解4种苔藓微景观制作步骤

1、水滴形容器

这款作品我们选用的植物是狼尾蕨、白发藓，摆件是龙猫、灰尘精灵。

1、先铺铺垫基质，小型容器可以使用一种铺垫基质，大型容器为了增加分层美感，可以使用2种颜色不同的铺垫基质。

2、在基质层上挖一个小坑，将脱盆去土后的植物放入小坑里。

3、干燥的干水苔比较蓬松，为了使干水苔层更紧密，要先把干水苔浸湿，再把多余的水分挤出，然后在植物根部周围均匀地铺一层湿润的干水苔。如果瓶口小，可以用镊子辅助操作。

4、在干水苔上面铺培土，可以用小勺子辅助操作，均匀地铺一层，把植物的根部埋好，也可以在容器后侧多铺一些，做一个前低后高的坡度。用手轻轻压一下培土，让培土更紧密一些。

5、根据设计需要修剪苔藓的大小，可以直接用剪刀把苔藓修剪成想要的形状。然后把合适的苔藓块儿铺到想要的位置上，轻轻按压苔藓表面，让苔藓和土壤贴在一起。铺苔藓的时候注意给摆件预留出位置。

6、在没有苔藓的培土上铺一层铺面基质，掩盖黑色的培土。

7、铺完铺面基质后喷水至土层湿润，用擦拭布擦拭容器壁上的杂质。

8、把摆件放到想要的位置上，尽量避开苔藓，苔藓长时间被压容易变黄，盖上瓶盖。一个苔藓微景观就制作完成了！

2、大圆缸容器

　　这款作品我们选用的背景植物是袖珍椰子、罗汉松、网纹草，苔藓为白发藓，摆件是龙猫系列中"龙猫的春天"。这款作品的特点是背景植物袖珍椰子比较高大，尤其是它的根系体积较大，在制作时要考虑到这一点，为了能完美地掩盖背景植物的根部，我们可以适当调整制作步骤，先放背景植物，然后在其周围依次铺基质。

　　1、把根系较大的袖珍椰子和罗汉松先放到容器里，根部紧贴容器底部。

　　2、在根部周围铺一层铺垫基质，这个容器比较宽阔，铺垫基质可以做出一个坡度，增加景观的视野。

　　3、先把干水苔浸湿，把多余的水分挤出来，在植物周围均匀地铺一层。

4、把根系较小的红色网纹草种到合适的位置。

5、在干水苔上铺一层培土，把植物的根部埋好，用手轻轻压一下培土，让培土更紧密一些。

6、把苔藓修剪成合适的大小，然后铺到想要的位置上，用手轻轻压一下，让苔藓和培土紧密贴合。注意给摆件预留出位置。

7、在裸露的培土上铺一层铺面基质掩盖培土，然后喷水至土层湿润，用干净的擦拭布擦拭容器内壁。

8、把摆件放到设计好的位置上，尽量不要压到苔藓，盖上盖子。完成！

3、中型玻璃罩容器

这种类型的容器种植时很好操作，但要注意植物不能横向伸出容器，否则不容易盖上罩子。苔藓的高度可以铺到底座的顶端，这样盖上罩子以后视线最好，根据这一点可以大概计算出每一层基质的厚度。这款作品选用的背景植物是瓶子草、花叶络石，这两种植物根系都比较小，可以铺完干水苔后再种植物。

1、在容器中铺一层铺垫基质，至容器直径开始变小的地方。

2、在铺垫基质上铺上一层湿润的干水苔。

3、把两种植物分别摆放到合适的位置，注意植物不要横向伸出容器壁。

4、在植物根部周围添加培土，把根部埋好。

5、把苔藓修剪成合适的大小，铺到想要的位置，用手轻轻压一下，让苔藓和培土贴合。

6、在裸露的培土上铺上一层铺面基质，喷水至培土层湿润。

7、摆好摆件。

8、擦拭干净玻璃罩，盖好罩子，作品完成！

4、小型吊瓶容器

　　这款容器没有盖子，为了给苔藓的生长提供适宜的湿度，后期养护中需要增加喷水的频率。这款容器较小，且背景植物比较多，基质我们只使用培土和铺面基质。由于没有透气和储水用的铺垫基质，在养护中每次浇水的量不能过多，避免培土内积水。这款作品使用的植物是翠云草、网纹草、花叶络石。

　　1、在吊瓶内放入少量土，做一个后高前低的小坡度。

　　2、将低矮的网纹草放入吊瓶的一侧。

3、将翠云草放到吊瓶的另一侧。

4、将花叶络石放到瓶口位置，枝叶伸出瓶口。

5、添加培土，掩盖植物的根部，尤其是将花叶络石的根埋好，避免掉落。

6、在培土上方铺上铺面基质，喷少量水至培土微湿。

7、点缀上彩砂，摆好摆件，把容器小心地吊挂在架子上，这个作品就完成了！

Chapter 4

苔藓微景观的日常养护与常见问题

苔藓微景观由于处在密闭或半密闭的环境中，日常养护与普通植物还是有些区别的，但并不难。了解了它的特点，知晓常见问题的处理方法，养护起来便有章可循、得心应手了！

一、日常养护

苔藓微景观的养护非常方便简单，只要定期喷水（以雾状水汽为最佳）、容器底部避免积水、保持室温和一定光照即可。闷养的苔藓微景观，由于其空间的独立性，景观的光照、温度和湿度都很容易控制。

1、光照

很多人以为，苔藓喜欢阴暗潮湿的环境，于是就可以在很阴暗的环境里养护，其实这种想法并不正确。苔藓也需要一定的光照，最好是散射光，而非直射的强日光。清晨的露水和微弱的阳光是苔藓的最爱，如果有条件，可以让这些小生命享受一下这种"日光浴"，对它们的健康生长很有帮助。

如果在室内养护，比如办公室、客厅、书房这类的环境，可以把苔藓微景观放到阳光不能直射但是散射光很明亮的地方。如果放在只有灯光而没有自然光的条件下，比如卫生间，时间长了，苔藓容易变黄，需要隔一段时间移到明亮的地方恢复，移动过程中应避免环境的剧烈变化，要给植物一个过渡的环境，以方便它们自我调节。

2、湿度

苔藓喜欢较高的空气湿度，当相对湿度达到85%时，苔藓能正常生长。闷养的苔藓微景观因其环境密闭，通风较差，水分挥发得很慢，一般不需要频繁补水。露养的苔藓，如果外界空气湿度较低，就需要频繁喷水以保证它们对水分的需求。北方地区气候比较干燥，建议用闷养的方式来养护苔藓。一般闷养的苔藓微景观建议每天通风一到两次，每次时间不宜过长，控制在一个小时以内；每隔五六天喷水一次。南方地区春夏季比较湿润，有些地区湿度大的季节可以开盖露养，根据植物的需要每天补水一到两次；湿度略低的时候建议选择半闷养的方式，容器封口时留一些缝隙。

苔藓喜欢潮湿并不意味着容器里面水越多越好，潮湿是指空气中水蒸汽的含量，不是指基质中的水分。基质中要避免积水，尤其是当景观中有背景植物时。如果基质中有积水，植物根部就会不透气，时间长了容易出现烂根烂叶等现象。背景植物叶片上有气孔，需要透气，所以叶片上不能长时间有凝结的水珠，给微景观喷水时可以避开背景植物的叶片，如果喷到叶片就用手轻轻抖一下，让水珠滑落。喷水主要是给苔藓保湿，可以直接往苔藓上面喷洒或者就在容器的空气中喷洒。苔藓干燥时一般不会死亡，而是进入休眠状态，喷水后能很快恢复过来，休眠状态的苔藓颜色灰绿，很干燥，叶片容易散，处理的时候要轻拿轻放。

❀ 休眠状态的苔藓

❀ 喷水恢复后的苔藓

3、温度

　　苔藓的生长温度范围为22℃~30℃，在适宜的温度范围内，苔藓会呈现绿油油生机勃发的状态。温度过低或者过高时，苔藓会进入休眠，颜色略发灰绿，但仍是一片茵茵绿意。在中国大部分地区，苔藓在室内的确一年四季都可以存活，温度过高或者过低时可以适当减少喷水，促使苔藓进入休眠状态。进入休眠的苔藓类植物寒暑不侵，会向人们展示出非凡的生命力。微景观中的背景植物一般不耐冻，冬季温度要保持在5℃以上方能安全过冬。中国北方地区冬季有暖气，一般室内都能保证这个温度；南方地区建议放到朝阳的室内窗台等比较暖和的位置过冬。

二、常见问题及处理方法

苔藓微景观如养护不当，容易出现的问题主要有：线虫、小飞虫、霉菌、白尖、发黑；背景植物烂叶、叶片软塌塌等。

1、线虫和小飞虫

线虫主要是指细长柔软的白色小虫。苔藓长虫主要是因为前期没有处理干净，苔藓或者基质里残留有虫卵，遇到湿度大、温暖的环境，虫卵便孵化成小虫。所以，在制作微景观前，一般要先对苔藓进行除虫处理。观察苔藓，有虫卵的部分要去掉，之后把剩余部分用稀释后（1:200）的百虫灵喷剂浸泡半小时，杀死肉眼不可见的虫卵，以避免后期养护过程中出现生虫的现象。

解决方法：喷适当浓度（按说明书操作）的百虫灵，遇成虫可以用小镊子夹出；同时加强通风，降低容器里的湿度，湿度下降后生虫现象会有改善。

2、霉菌

苔藓感染霉菌的表现有：植物表面生出蜘蛛网一样的丝，或者白色灰色的块状霉斑等。植物感染霉菌大部分是因为基质里未分解的有机物中带有病原体，且养护的环境湿度过大，通风透气不良造成的。

解决方法：及时清理已经出现霉菌的苔藓，避免影响扩大；加强微景观的通风，可以延长单次通风时间或者提高通风频率，建议增加通风频率，严重时可以适当晒晒太阳，利用紫外线杀死一部分霉菌，但不要在光线过强的时候直射，否则苔藓会受伤；喷洒一定浓度的多菌灵。

3、白尖

苔藓白尖主要表现为苔藓表面叶尖部分出现干枯、白粉化。苔藓出现白尖，一般是因为养护环境的光照和湿度不稳定，植物忽干忽湿或者长期干燥造成的。应该给微景观一个稳定的光照和湿度环境，避免短时间内温湿度剧烈变化，避免重复忽干忽湿，避免直接暴露在强光下，冬季避免敞口暴露在干冷的空气或空调风口；稳定通风时间、次数以及浇水的频率和量。

解决方法：用毛刷轻轻清扫苔藓表面，给盆栽喷少量水，把容器擦拭干净，盖好盖子或者封上保鲜膜，把盆栽放到阴凉处恢复。

4、苔藓发黑

苔藓发黑多半是因为湿度过大,根部有积水,苔藓的假根长时间浸泡在水中,时间一长便容易从根部开始变黑。

解决方法:如果微景观中已经有积水,可以用吸水性强且柔软的材料(如卫生纸、海绵等)将多余的水分吸出;及时擦拭容器壁上凝结的水珠也有利于除湿;同时还要加强通风透气。

5、苔藓发黄

苔藓整体发黄一般是因为长期在非常阴暗的环境(比如地下室、没有窗户的卫生间等)中养护缺少光照造成的。苔藓虽然喜欢半阴,但是仍需要明亮的散射光进行光合作用。

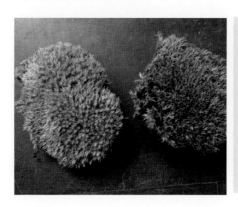

解决方法:逐步增加微景观的光照,尽量避免将微景观直接从阴暗环境移到光线充足的环境中,要给植物们一个适应的过渡期,逐步增加光照。

6、背景植物烂叶

有些朋友为了在体积有限的容器内营造出丰富的层次，把大量的多种植物种在一起，导致密度过大，叶片粘在一起，使气孔阻塞，加上高湿的环境，很容易出现烂叶的现象。植物密度适宜的闷养景观，湿度过大有时也会出现烂叶现象，更何况密度过大。

解决方法：微景观中植物密度要适宜，习性要相近；喷水时尽量避免喷在背景植物的叶片上，如不小心喷洒上了，可以轻轻抖一下叶片，避免叶片上长期有水珠，不然不利于植物的呼吸透气。已出现烂叶现象的微景观，要及时将烂掉的叶片清理干净，避免叶片间的感染；另外要加强通风，增加通风次数，延长通风时间，及时降湿。

7、背景植物叶片软塌塌

背景植物叶片发黄脱落或者软塌塌，出现这种情况主要是因为植物缺水。下图左侧为正常健康的植物，叶片柔韧；右侧为缺水导致叶片软塌塌的植物。

解决方法：背景植物一般根系比较发达，植物吸收水分主要依靠根系，因此可以在根部补水；夏季干燥高温时适当给叶片喷雾补水。缺水造成的叶片蔫软，补水后恢复很快，一般一两个小时就能恢复正常。如果缺水严重造成叶片干枯，就很难恢复了。

盆栽出现问题后，最有效的方法就是及时采取措施。问题出现初期，一般症状都比较轻微，而且采取措施后容易见效。所以新手养护景观时，在初期一定要对它们多多关心，出现问题及时寻找原因并采取调整措施，这样它们就能更好地正常成长了！

Chapter 5

28款多姿多彩的
苔藓微景观

一花一世界，一叶一乾坤。不
同的植物搭配不同的玩偶能创造
出千千万万、意趣缤纷的景观。一
道灵感、一份触动、一帧画面都可
以成为创造微景观的契机。

一、卡通类

1、记忆中的站台

容器类型： 圆柱形玻璃容器

选材： 苔藓、罗汉松、白色网纹草、红色网纹草

配饰： 打伞的龙猫、穿雨衣的小梅、站牌、楼梯

设计理念： 这个景观的设计灵感来源于宫崎骏的电影《龙猫》。雨天，姐妹两在湿漉漉的雨夜到路边站牌等爸爸归来，遇到了肥硕可爱的多多洛，并递给它一把伞。作为远古的守护精灵，多多洛只会为那些善良而心灵纯洁的人们现身，并一直保护其左右。若有幸遇见它，幸福就此降临。看到这个场景，是不是让我们想起了童年温暖、美好的记忆？

制作要点： 创作这款作品时，要充分利用瓶子的有限空间，利用高低错落的植物，营造出自然、精灵与人共存的和谐场景。我们选用白色、红色网纹草以及罗汉松作为背景植物，来营造乡间树林的感觉；后高前低的基质层，让整个作品看起来像起伏的山丘；在基质土层上随意摆放几块青翠欲滴的苔藓，看起来像山间小路；苔藓丛中隐藏着站台，龙猫在后面默默守护着翘首企盼爸爸的小梅。

2、奇幻之旅

○ **容器类型：** 中型玻璃罩容器

○ **选材：** 瓶子草、花叶络石、苔藓

○ **配饰：** 小梅、小龙猫、小煤球精灵及沉木

设计理念： 这款作品突出的是"奇"，神奇独特的植物搭配上神态好奇、造型憨萌的小梅，一幅童趣洋溢的画面就呈现在我们眼前了。让人忍不住想起自己也曾拥有睁大一双好奇的眼睛努力探究这个世界的童年。

制作要点： 沉木置于容器的后面，营造一种古老森林厚重的感觉，颜色鲜艳、形态独特的瓶子草置于焦点位置，突出整个作品新奇的特点；同时还要突出小梅好奇的表情，把小煤球精灵放置于小梅眼前，组合出小梅发现精灵时的场景；花叶络石从一侧伸出，蜿蜒向上，用来增加景观的纵向层次和色彩；由于容器特点所限，所有的植物种植时不可横向伸出瓶壁。

3、雪之梦

容器类型： 中型圆缸容器

选材： 苔藓、金边常春藤、红色网纹草

配饰： 雪景龙猫、雪景小梅

设计理念： 隆冬时节，雪花纷飞，堆雪人、打雪仗是必做之事！漫天的大雪让这个世界一片洁白，森林并没有在这个寒冷的季节中凋零，依旧努力苍翠着，鲜艳的叶片挣脱白雪的掩盖，努力为森林装点上一份色彩；小梅与多多洛欢乐地堆着雪人，漫天的大雪飞舞不是如梦一般美妙的场景么？

制作要点： 高大的背景植物种在容器的后方，显示出森林的生命力，苔藓铺在两侧，中间位置留出足够的空间，铺白沙营造雪景，白沙可以铺得略厚一些，显示出雪之大；苔藓和植物叶片上也可以撒少量白沙，但是量不要太多，否则会影响植物的生长。

4、清夏

- 容器类型：中型圆柱形容器
- 选材：苔藓、珊瑚蕨、花叶络石、罗汉松
- 配饰：钓鱼龙猫、蓝沙、小梅、小蘑菇、珊瑚石

设计理念：美好的童年有无限遐想的空间，炎热的夏天有哪些有趣的事情可以做呢？不如让我们跟着森林的主人去钓鱼吧！青翠的树木遮去炙热的阳光，清澈的小溪冲刷着小脚丫，欢乐的鱼儿在溪水中畅游，与多多洛一起度过的这个夏季一定无限清凉吧！

制作要点：植物密植于容器的后方，营造出蔽日浓荫，蓝沙铺在两块苔藓中间，造出一条小溪，注意蓝沙不要洒在苔藓上，溪边潮湿的草丛里生长着鲜艳的小蘑菇，小梅蹲在溪边好奇地盯着溪中的小鱼。珊瑚石随意点缀在溪水中，像是溪中突出的岩石，让小溪的效果更逼真。

5、多多洛的四季

- **容器类型：** 大型圆缸容器
- **选材：** 苔藓、绿萝（或袖珍椰子）、红色网纹草
- **配饰：** 四季摆件（春、夏、秋、冬）、雨花石

设计理念： 设计这款作品的初衷是由于摆件的特殊性，"春"的鲜亮复苏，"夏"的盎然情趣，"秋"的硕果累累，"冬"的皑皑白雪。搭配可爱的龙猫人物，非常具有画面感。

制作要点： 为了搭配不同的摆件，我们可以选择两组植物组合，绿萝款叶子比较宽大，颜色浅绿，感觉清新舒爽；袖珍椰子款叶片细长，搭配使用，可使室内增添热带风光的气氛和韵味。夏季主题摆件可搭配绿萝款，浅绿宽大的叶片就像是为钓鱼的多多洛遮挡夏季的炎热，直立的茎秆前可搭配少许叶片深绿的罗汉松，显得绿意盎然，铺面时可以点缀蓝沙，营造出细细的河流，使钓鱼场景更加逼真，充满了野游的乐趣。基质层可以后高前低，这样能够营造出自然起伏的山丘景观。

🌸 绿萝营造的夏日主题

袖珍椰子营造的热带风光

6、再会乡野间

- **容器类型：** 大型圆缸容器
- **选材：** 苔藓、袖珍椰子、红色网纹草、白色网纹草
- **配饰：** 大龙猫、小龙猫、小梅、煤球精灵及坚果蘑菇等

设计理念： 当我们长大，在钢筋水泥的城市里奔波，慢慢失落了内心的那份简单，多多洛还会为我们现身么？当我们抛开城市的羁绊，放下心头的烦恼，一身轻装投入深林乡野的怀抱，多多洛还有无数的精灵们一定还会敞开怀抱迎接我们吧！

制作要点： 背景植物种在容器的中后方，这款作品搭配的玩偶比较丰富，玩偶本身可以组合出不同的场景，但是多多洛们翘首企盼的样子一定要突出，是不是很像在热切等待归来的我们？

7、我和多多洛

- **容器类型：** 大号方形鱼缸
- **选材：** 苔藓、银线蕨、罗汉松
- **配饰：** 大龙猫、小梅、小号龙猫、沉木

设计理念： 只有内心纯净的人才能见到多多洛，我们设计的灵感也由此而生。作为远古的守护精灵，多多洛只会为那些善良而内心纯净的人们现身，并一直保护其左右。

制作要点： 大号的方形容器有较大的空间，操作起来也比较得心应手，选择一块合适的沉木以及茎叶密集及略长的大金发藓是要点，将苔藓在沉木周围铺满，地毯般的茵茵绿地，一棵古远的老树。我们可以轻易地营造出一幅大自然的精灵与心灵纯洁的孩子相互守望的场景。

8、爱丽丝

○ **容器类型**：圆柱形玻璃容器

○ **选材**：苔藓、白色网纹草

○ **配饰**：手工制作的软陶蘑菇、爱丽丝、喵喵猫

设计理念：这款苔藓微景观的设计灵感来源于路易斯·卡罗尔（Carroll.L.）的《爱丽丝梦游仙境》，他用纯粹的文字为我们描绘了一个诙谐与奇幻色彩的世界。那只永远找不到老鼠的喵喵猫，穿着西装马甲的兔子，两只象征着真理和记忆的乌鸦，还有我们的小公主爱丽丝。童年总有不同的快乐和感悟。这款爱丽丝作品，让你了解喵喵猫的笑是怎样炼成的。

制作要点：同样是空间有限的竖高容器，用白色网纹草作为背景植物，营造绿色自然的森林感觉，彩色软陶蘑菇是亮点，它的点缀让整个作品亮起来，喵喵猫的加入又使整个作品活泼起来。制作景观时要注意基质的坡度。

9、蓝精灵村庄

容器类型： 低矮圆形玻璃容器

选材： 苔藓、永生驯鹿苔

配饰： 蓝精灵主题摆件、自制软陶蘑菇房子、魔法药水锅、小黄树

设计理念： 比利时漫画家沛优笔下的蓝精灵陪很多朋友度过了美好的童年，我们也有着深深的蓝精灵情结。硕大的蘑菇房子，格格巫与阿兹猫，还有勤劳机智的蓝精灵，生活在绿色的童话世界。现在我们也可以用苔藓为蓝精灵创造一个充满活力的家园。

制作要点： 摆件中体积较大具有背景作用的房子要放置到整个景观的后侧，在门前玩耍的蓝精灵不能摆放得太零散，要形成一个完整的场景，彼此间有沟通。阿兹猫和格格巫是另一个场景，要注意同一个场景内人物的相互连接。驯鹿苔要选取顶部整朵的造型，摆放成灌木丛的效果。红色屋顶的房子、草绿色的驯鹿苔、蓝色的精灵使得整个盆栽颜色丰富，充满了童话色彩。

10、树精灵的家园

○ **容器类型**：硬质木桩
○ **选材**：苔藓、罗汉松、红色网纹草
○ **配饰**：树精灵

设计理念：树精灵是森林的孩子，也是森林的守护者，当森林足够茂盛和强大的时候才会有树精灵出现。古老的断木残桩似乎已经走到了生命的尽头，然而又一轮的生命却已经悄然抬头，枯木的缝隙里抽出嫩芽，新的植被覆盖了布满疮痍的树皮。精灵们欢欣鼓舞，它们相信这片森林的力量，要在这里建立永久的家园。

制作要点：在树桩上安放苔藓时要注意苔藓与树桩的贴合，注意贴合处缝隙的掩盖，否则会显得生硬、不融合。罗汉松、网纹草在植入树缝的时候，可以借助湿润的干水苔保护根部，无论从哪个角度生长出的植物都要呈现出向上的姿态，这样才能显示出整个作品的生命力。

11、时光宝贝

○ **容器类型**：中号圆形瓶

选材：苔藓、红色网纹草、黄色网纹草

配饰：水滴娃娃摆件、城堡

设计理念：水滴娃娃的创造者Sam Butcher很早的时候就开始画水滴眼形状的小孩，他称这些娃娃为水滴娃娃，并作为送给亲友的礼物。一系列可爱的塑像，充满意义、满布爱心和关怀。结合水滴娃娃这一主题与苔藓微景观融合，给公主般的水滴娃娃一个美丽的花园和一座城堡。这何尝不是每个女孩心中的梦想。

制作要点：铺上基础的几层基质后就可以种植物了，确定好植物要放的位置，最好把网纹草种在容器两边，拥簇着中间的城堡，前面留出一片空地形成一个小庭院的感觉，可爱的水滴娃娃放在庭院的小空地上就像是在玩耍，四周铺上苔藓作为草坪植被。整个景观瞬间就生动起来了。

12、等待宗介

○ **容器类型**：中号斜口玻璃储物罐

○ **选材**：金发藓

○ **配饰**：波妞摆件、小号玻璃管、贝壳、蓝沙

设计理念：这是宫崎骏的《悬崖上的金鱼姬》里讲述的故事，波妞是一条活泼好动的小鱼，一次偶然的机会，它在涨潮时被冲进了玻璃瓶中无法脱身，此时，刚好来海边度假的男孩宗介路过，帮它解困，从此人鱼相识。宗介把金鱼抱回家里喂养，一起玩耍，感情甚笃。影片中的这个场景正是设计这个小小微景观的灵感来源。

制作要点：选用茎叶比较长的金发藓，模拟海边水草，铺放在容器两侧，最前方留出空地放置蓝沙，模拟海水。注意，铺放基质时要有坡度来迎合观赏角度。这是一款制作较为简单的微景观作品。

二、动物类

动物造型的摆件，尤其是森林草原中的常见动物，非常适合制作苔藓微景观，与绿茵茵的苔藓以及背景植物搭配，能制作出很有现场感的逼真景观，给人身临其境之感。

1、仲夏夜之梦

○ **容器类型**：中型圆瓶
○ **选材**：苔藓、罗汉松
○ **配饰**：小鹿摆件、蘑菇摆件、鹅卵石、蓝沙

设计理念：梅花鹿是很有代表性的森林小动物，选择枝叶繁茂的罗汉松，可以营造出幽幽森林的感觉，这样的组合能够立刻给观者呈现出那种安详、静谧、清爽的仲夏傍晚感觉。流水潺潺，蘑菇在静静地生长，在森林深处的小径上，一对小鹿在休憩，周边的虫儿在鸣唱，你的心是否一下子就安静了下来呢？

制作要点：罗汉松栽种时要密一些，在容器两侧对称栽种，中间用铺面石铺筑一条小径。栽种好后，调整植物造型，使得植物包围小鹿最佳。

2、羚羊母子

○ **容器类型：** 中型方缸容器

⚲ **选材：** 苔藓、银线蕨

○ **配饰：** 羚羊摆件、蘑菇摆件、页岩

设计理念： 羚羊母子的设计灵感来自一次非洲之旅。巨大的云朵漂浮在广袤的马塞马拉草原上，清晨当第一缕阳光越过金合欢树的枝头，洒向这一片孕育生命的土地时，动物们悠闲地在水源边进食，羚羊母亲缓缓从树边走过，带着自己的孩子去感受这广阔天地。

制作要点： 采用有一定容积的方形容器，用大量苔藓平铺，塑造广袤草原的场景。选取一株植物（银线蕨）栽种在角落，寓意草原远方的金合欢树。这个微景观的视觉重点在平铺的苔藓和羚羊母子上，所以选择植物的时候不要选择造型太大、枝叶太繁密的类型，但是需要有一定的高度和延伸感。

3、迷雾中的小刺猬

- **容器类型**：小型方形容器
- **选材**：苔藓、白色网纹草、圣诞蕨、罗汉松
- **配饰**：小刺猬摆件、瓢虫摆件、软陶蘑菇、石子

设计理念："迷雾中的小刺猬"源于前苏联在20世纪70年代拍摄的一部动画片，我们将这一充满童趣的故事改编成微景观。故事的原貌是：小刺猬翻山越岭携带草莓与另一边的小熊相约，其间无数离奇经历，草莓所剩无几，最终将仅剩的一颗带给了小熊。

制作要点：选用造型俏皮可爱的圣诞蕨，烘托盆栽的童话色彩，低矮的圣诞蕨和白色网纹草，细高的罗汉松配合苔藓造景，其间点缀可爱的瓢虫，营造出丰富的森林植被场景。

4、在一起

○ 容器类型：中型圆瓶
○ 选材：苔藓、红色网纹草
○ 配饰：蘑菇摆件、松鼠摆件

设计理念："在一起"的原型是工作室的一对宠物松鼠，每日午后，两只松鼠都会相靠或相拥而眠。在设计苔藓微景观的时候，我们从松鼠身上找到了灵感。

制作要点：相亲相爱的松鼠藏身在草丛里，植物的环绕让环境显得静谧安宁。将植物分几丛种植，给松鼠营造一个舒适的小窝，苔藓零星点缀显得环境简单随意。

5、狗狗的乐园

- 容器类型：小型圆瓶
- 选材：苔藓、黄色网纹草
- 配饰：卡通狗狗

设计理念：一个小容器就是一个微缩的小世界，憨萌的狗狗安静地守护着自己的小家园，它们用清澈又热切的眼神注视着前方，像在翘首企盼主人的归来。这款作品设计小而精致，观者可以随时将它捧在掌中，近距离地欣赏这个清新的小世界。

制作要点：由于容器体积较小，背景植物要选取比较矮小但是株型完整的植物。布局不要太拥挤，狗狗蹲在容器的侧前方，旁边有草丛，后面有大树。

6、一叶扁舟

○ 容器类型：中型水滴形容器

选材：苔藓、粉红色网纹草

配饰：蘑菇、划船兔子、蓝沙

设计理念： 茂密的热带丛林，勇敢的小兔子独自划船顺流而下，它要去做什么呢? 去采集全家人的食物? 去营救落难的小伙伴? 去神秘的地方探险? 还是去赴一场甜蜜的约会? 无论去做什么，看小兔子坚定勇敢的神情就知道它一定能够成功!

制作要点： 用鲜艳的网纹草营造出热带密林的感觉，植物要茂盛，分两侧种植，用蓝沙在植物之间铺一条蜿蜒的小溪。整个景观做出后高前低的坡度，在视觉上有一种顺流直下的气势!

7、依偎

- **容器类型**：大型方缸容器
- **选材**：苔藓、粉红色网纹草、白色网纹草
- **配饰**：软陶蘑菇、母子刺猬

设计理念："谁言寸草心，报得三春晖"，母爱是这个世界上最美的一道风景，永远用宽厚和坚实的胸怀支撑着我们，给我们力量和安全！

制作要点：这款作品的制作难度不大，分散的几丛网纹草随意而温馨，翠绿的苔藓显示了身后家园的生命力，可以把苔藓铺得多一些！

8、清晨

- **容器类型**：大型圆柱瓶
- **选材**：苔藓、豆瓣绿
- **配饰**：刺猬、瓢虫、枯叶

设计理念：太阳初升，无数生命从睡梦中醒来，正是一天中最美好的时光！新的一天，无限希望，无数可能，可以有那么多美好的期待！睡眼朦胧的小刺猬在枯叶下探头探脑，期待秋日里新的一天！

制作要点：高大的豆瓣绿种在容器后面，翠绿肥厚的叶片显示出强大的生命力。容器的木塞跟摆件枯叶很协调，而小瓢虫和枯叶的叶脉使得整个作品更有设计感！

三、风景意境类

> **1、枯树——春**

- **容器类型**：沉木
- **选材**：苔藓、狼尾蕨
- **配饰**：枯树房子

设计理念：选用造型奇特、形似古老枯树的沉木作为容器，上好的苔藓种在树干的各种凹槽空缺处，模仿大自然中苔藓爬满老树的场景，跨过寒冬开始迎接春季，大自然经过蒙蒙细雨的浇灌，使表面看上去没有生命力的老树因为苔藓的出现而呈现出了一些生机。小时候就听说只有古树上才会长植物，也许只有久经风雨才能够有那一份宽怀和释然吧。

制作要点：选用合适的沉木作为造景的主体，根据容器的特点来构思，选用大小合适的苔藓放于沉木凹槽或者缝隙中间。苔藓的假根不能太长，要适当修剪，喷上水、沾上泥土，使其与沉木的凹槽充分贴合，不能给人一碰就掉的感觉，一切都要自然。再选择大小适中的蕨类植物，这里我们选择了狼尾蕨，尖尖而又细长的叶片很有韵律感，将其种在焦点位置，起到画龙点睛的作用，更显生机活力。

2、梦家园

○ **容器类型**：水滴玻璃缸
⊙ **选材**：狼尾蕨、红色网纹草、冰水花、苔藓
○ **配饰**：页岩、房子、椅子、小狗

设计理念：　"梦家园"是水木三秋梦想花园的原型，也凝结了人们对幸福生活最朴素的想法。设计师在完成初稿后写下了如下文字：我想要套小房子，做你忠实的好扇子，帮你梳起小辫子，陪你提起菜篮子，穿过门前小巷子，饭后帮你刷盘子，最好一起建个小院子，里面种满毛栗子，身边围满猫狗子，等你出门拄起拐杖了，我会背起小凳子，带上小扇子，陪你去买花裙子。很多朋友喜欢这款作品是因为它搭建出了"西风老树下人家，池塘边落落野花"的感觉，但设计师更想表达的是"平凡小院，院内繁木，树下一双藤椅，你我一起慢慢变老"的意境。

制作要点：　由于容器高大，造景空间充裕，可以选用一些高大延展的植物作为背景植物，为了造出层次，配用低矮的红色网纹草造前景，旁边摆放老房子摆件，好似院子里的花镜，小狗和后院的座椅给整个景观带来了生气。

3、石中花

- **容器类型**：吸水石
- **选材**：苔藓、红色网纹草、花叶络石
- **配饰**：雨花石、珊瑚石

　　设计理念：小时候大家都学过郑燮（也就是郑板桥）的七言绝句《竹石》，"咬定青山不放松，立根原在破岩中。千磨万击还坚劲，任尔东西南北风。"设计师制作这盆苔藓微景观的灵感就来自这首诗。虽然选用的植物材料不是竹子，但是想表达的意思就像诗中所说的——扎根于石头缝隙之间的那种坚强的意志。象征着自强不息的坚韧意志，给人一种积极向上的动力。每当看到它，就会在内心鼓舞自己不要放弃，勇敢拼搏，追逐梦想。都市的生活让每个人的压力都在不断增加，每天的工作和生活枯燥无味，可能我们缺少一些正能量，何不做一个这样简简单单的盆景放松一下心情呢？

　　制作要点：用天然的石头作为容器，植物脱盆去掉一部分土，种在石头凹槽的位置，可以适当再掩盖一些土在植物根部，再在根部的位置铺盖上苔藓，把土层都掩盖住。苔藓最好选择有弧度的或者用剪刀修剪一下形状，小缝隙铺不到的地方，可以根据空隙的大小用手掰开几根苔藓填充进去，这样看起来会比较自然，最后可以适当放一两个雨花石或者珊瑚石做装饰点缀，清理残余的泥土和杂物，给植物喷水即可完成。

4、绿意

- **容器**：圆形陶罐
- **选材**：杜鹃根、有造型的植物枝条、苔藓
- **配饰**：雨花石

设计理念：生活中无处不美。周末逛的公园，长假的外出游玩，处于喧嚣中的我们，渴望一抹绿意，其实绿色就在我们身边。废弃的陶盆、路边的枯枝、院子里的青苔跟花草，只要有足够的耐心与细心，就可以DIY出你想不到的微景观。

制作要点：在废弃的陶罐中倒入一些种植土，把造型奇特的杜鹃根埋入种植土中少许，杜鹃根也可以换成枯枝、沉木、假山石等；植物枝条依靠杜鹃根栽植，用铁丝固定出想要的造型，周围铺以苔藓，尽量跌宕起伏，营造出枯木逢春的场景。这款设计选材以线条的变化为主，尽可能模拟自然，追求自然中所难寻的美。

5、一壶春意

○ **容器类型**：中型壶形玻璃容器
○ **选材**：苔藓
○ **配饰**：房子摆件、羊群摆件

设计理念：在面对"春意"这一主题时，我们选择以壶为容器，无论在隆冬还是盛夏，抑或是深秋还是早春，"一壶春意"也许比"一壶清茶"更能沁人心脾。摆件选择了古意拙朴的房子造型和写意的羊群，将一份悠然自得的从容和恬淡发挥得淋漓尽致。"一壶春意"的容器使其在保湿和通风上有着完美的平衡，不仅意境优雅，也使景观的养护变得轻松而有趣。

制作要点：苔藓摆放时要注意合理的布局，体积较大的房子放置在后方，为简单的空间营造一个层次，屋后的苔藓可以略高，这样景观更有纵向的变化。房前有一条小路，羊群在房前屋后自在觅食。再用一只铺种苔藓的杯子和壶形容器搭配更显得相得益彰。

6、清新

- **容器类型**：四款白色瓷器
- **选材**：苔藓
- **配饰**：丝带、房子摆件等

设计理念：久居城市的你是不是也希望生活中能有一缕清新的风，潮湿的、带着青草的味道，仿佛可以吹走周围的雾霾，还心灵一片舒畅？

制作要点：容器较小，铺苔藓的时候边缘部分要处理好，苔藓做出一个弧度，使得整块苔藓与容器完美融合。

四、人物类

1、梦开始的地方

- **容器类型**：大型玻璃方缸
- **选材**：苔藓、狼尾蕨、网纹草、彩色茱萸
- **配饰**：房子、砖墙、石子路、自行车、人物、热气球

设计理念："梦想"是这个世界上最美丽炫目的东西，远在天边却又近在眼前，像一只五彩斑斓的热气球等待一次飞天的旅行。古旧的院落与远方鲜艳的热气球形成了鲜明的对比和冲撞感。

制作要点：这款作品在微景观里属于比较大型的，为了体现"梦"的特点，可以选用多彩的植物，渲染出缤纷的感觉；热气球放置的位置要高一些远一些，让人产生一种仰望向往的感觉。

2、遇见

- 容器类型：一对小型圆柱形玻璃容器
- 选材：苔藓
- 配饰：人物摆件（男孩、女孩）、路灯

设计理念： 坚硬冷漠的都市，每个人都渴望一份属于自己的温暖。在拥挤的城市里一个人努力挣扎，只为能在一个闲适安宁的时刻遇见一份欣喜。独立的容器象征原本互不相关的两个人各自的世界，把它们放到一起，让他们相遇，是不是一件很美好的事？

制作要点： 这款微景观造景很简单，容器成对，在容器的后方铺一块苔藓给"遇见"提供一个美丽的环境，男孩、女孩相对放置，就像要相遇了一样。